EMPEZANDO

LOS TRENES DE CARGA

MEG GREVE

CREATIVE EDUCATION • CREATIVE PAPERBACKS

ÍND

ICE

Veo un tren de carga 4

Arrastrando vagones 6

Llevando la carga 8

Tipos de vagones 10

Haz un sonido 12

Palabras de trenes de carga 14

Índice alfabético 16

VEO UN TREN DE CARGA.

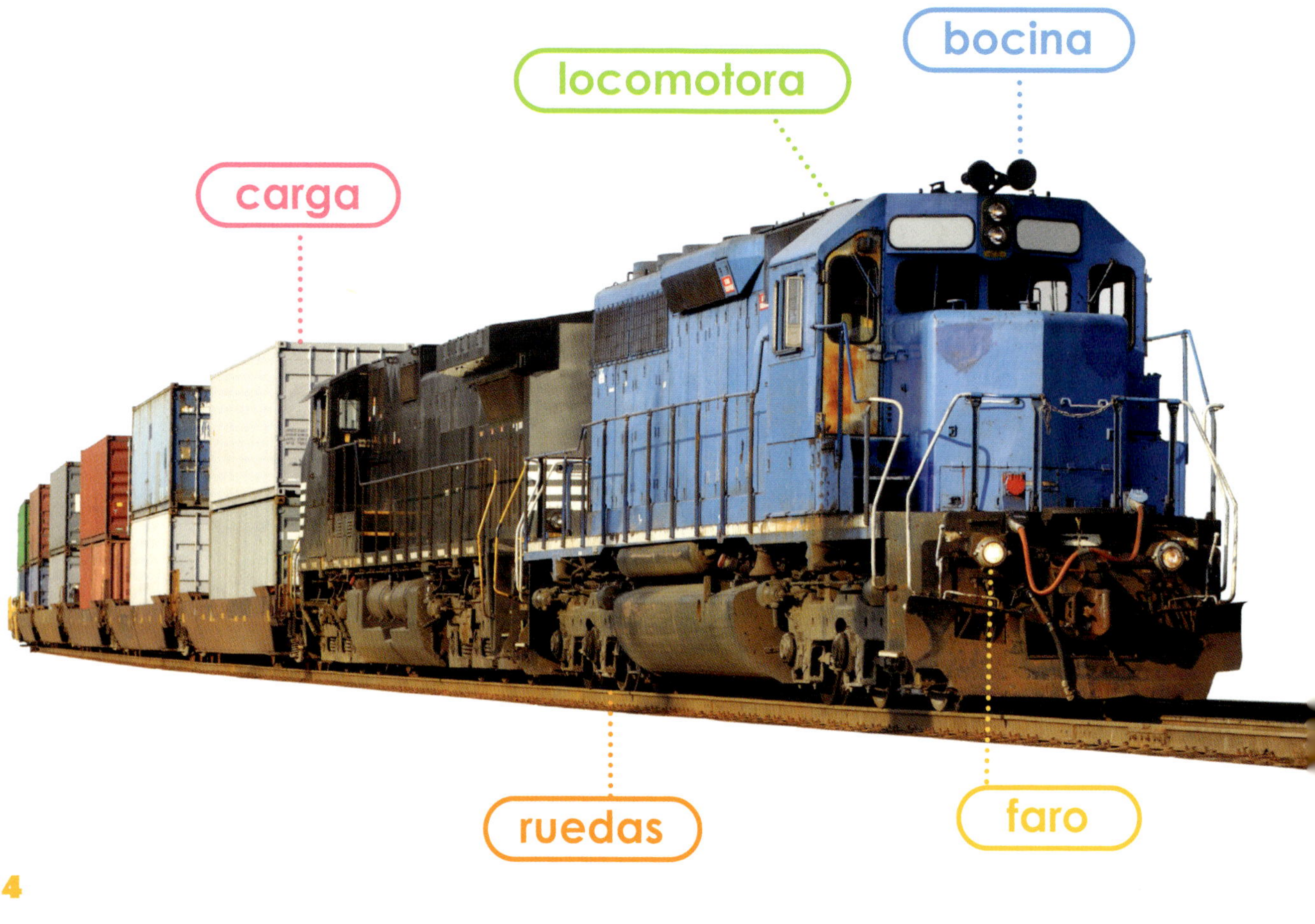

Espero en un cruce de ferrocarril.
Las plumas están cerradas.

Oigo al tren acercarse por las vías.

ZIM
EVERGREEN
OOCL
CN
8854
CN

El motor, o locomotora, es potente. Arrastra muchos vagones.

Las plataformas transportan contenedores grandes.

Una vez que el tren se detiene, los contenedores pueden ser colocados en camiones.

La carga está dentro de los contenedores.

¡Este tren es largo!

Tiene muchos tipos de vagones.

Un vagón abierto puede transportar carbón.
Un vagón cisterna puede transportar gasolina.
Un vagón batea puede transportar troncos.

HAZ UN SONIDO

¡CHU

U, CHUU!

¿Puedes imitar los sonidos de un tren de carga?

Escucha estos sonidos:

https://www.youtube.com/watch?v=ae8XeWzzw-Y

¡Ahora te toca a ti!

PALABRAS DE TRENES DE CARGA

carbón: Una roca que se enciende fácilmente y que produce energía para que funcionen algunas cosas.

carga: Las cosas que los trenes de carga llevan de un lugar a otro.

gasolina: Un combustible líquido que da energía a autos y otros vehículos.

vías: Los rieles de metal sobre los que se mueven los trenes.

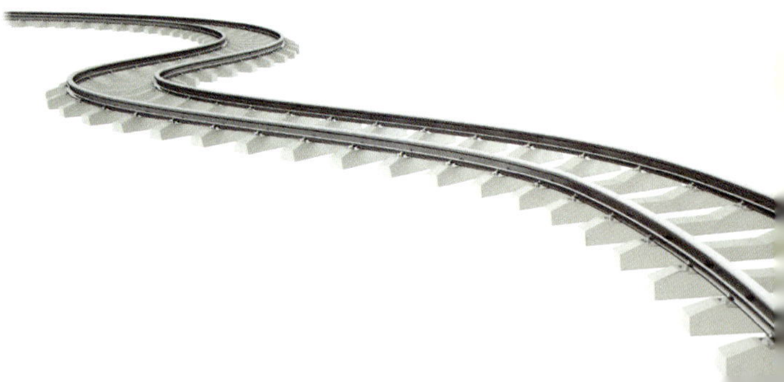

ÍNDICE ALFABÉTICO

carbón 11

contenedores. 8, 9

cruce. 5

largo 10

locomotora. 4, 7

motor. 7

transportan(r) 8,11

vagón(ones) 7, 10, 11

vías. 5

PUBLISHED BY CREATIVE EDUCATION AND CREATIVE PAPERBACKS
P.O. Box 227, Mankato, Minnesota 56002
Creative Education and Creative Paperbacks are imprints of The Creative Company
www.thecreativecompany.us

LIBRARY OF CONGRESS CATALOGING-IN-PUBLICATION DATA
Names: Greve, Meg, author.
Title: Los trenes de carga / by Meg Greve.
Other titles: Freight trains. Spanish
Description: Mankato, Minnesota : Creative Education and Creative Paperbacks, [2025] | Series: Empezando | Includes index. | Audience: Ages 4-7 | Audience: Grades K-1 | Summary: "Freight trains will introduce budding book learners to a noisy, colorful world with this new Starting Out title, in American Spanish. Colorful photos, labeled diagrams, 'Make a Noise' section, glossary, and more ignite a passion for learning"-- Provided by publisher.
Identifiers: LCCN 2024002881 (print) | LCCN 2024002882 (ebook) | ISBN 9798889894483 (library binding) | ISBN 9781682778654 (paperback) | ISBN 9798889894605 (ebook)
Subjects: LCSH: Railroad trains--Juvenile literature. | Freight cars--Juvenile literature. | CYAC: Railroad trains. | Freight cars. | LCGFT: Instructional and educational works.
Classification: LCC TF148 .G74518 2025 (print) | LCC TF148 (ebook) | DDC 625.2--dc23/eng/20240205
LC record available at https://lccn.loc.gov/2024002881
LC ebook record available at https://lccn.loc.gov/2024002882

DESIGN AND PRODUCTION
Design by Rhea Magaro and Jennifer Bowers
Production by Beeline Media and Design
Art direction by Tom Morgan
Translation to Spanish by Base Tres
Printed in the United States of America

PHOTOGRAPHS by AdobeStock (Maharketing), Alamy (Robert McGouey / Industry), Shutterstock (3DMI, freestore 839, Nerthuz, Kenneth Sponsler, Ton Bangkeaw, Ian Dewar Photography, Maksim Safaniuk, Vadi Fuoco, kemdim, jeffy11390, Bohbeh, Rost9, Ivan Kruk)